BEI GRIN MACHT SICH IHR WISSEN BEZAHLT

- Wir veröffentlichen Ihre Hausarbeit,
  Bachelor- und Masterarbeit

- Ihr eigenes eBook und Buch -
  weltweit in allen wichtigen Shops

- Verdienen Sie an jedem Verkauf

Jetzt bei www.GRIN.com hochladen
und kostenlos publizieren

Bibliografische Information der Deutschen Nationalbibliothek:

Die Deutsche Bibliothek verzeichnet diese Publikation in der Deutschen National-
bibliografie; detaillierte bibliografische Daten sind im Internet über http://dnb.d-
nb.de/ abrufbar.

Impressum:

Copyright © 2002 GRIN Verlag, Open Publishing GmbH
Druck und Bindung: Books on Demand GmbH, Norderstedt Germany
ISBN: 978-3-638-64412-9

Dieses Buch bei GRIN:

http://www.grin.com/de/e-book/15709/analyse-der-bilanzen-der-bayer-ag-1992-bis-
2002-investition-finanzierung

Andre Hiller

Analyse der Bilanzen der BAYER AG 1992 bis 2002. Investition, Finanzierung, Rentabilität und ROI-Kennzahlen

GRIN Verlag

GRIN - Your knowledge has value

Der GRIN Verlag publiziert seit 1998 wissenschaftliche Arbeiten von Studenten, Hochschullehrern und anderen Akademikern als eBook und gedrucktes Buch. Die Verlagswebsite www.grin.com ist die ideale Plattform zur Veröffentlichung von Hausarbeiten, Abschlussarbeiten, wissenschaftlichen Aufsätzen, Dissertationen und Fachbüchern.

Besuchen Sie uns im Internet:

http://www.grin.com/

http://www.facebook.com/grincom

http://www.twitter.com/grin_com

Hausarbeit

Bilanzanalyse der BAYER AG
für die vergangenen 10 Jahre

Student:

Name: **Andrè Hiller**

Studiengang: BWL

Studienfach: Betriebsstatistik

Datum: 15.10.2002

Gliederung:

Abbildungsverzeichnis

Abkürzungsverzeichnis

AG	Aktiengesellschaft
ROI	Return on Investment
u.a.	unter anderem
u.Ä.	und Ähnliche
z.B.	zum Beispiel
Mio.	Millionen
Mrd.	Milliarden

0. Zielstellung

Das Thema dieser Hausarbeit ist die Bilanzanalyse des Bayer – Konzerns, welche auf veröffentlichten Daten des Bayer – Konzerns beruht.

Zu Beginn wird das Unternehmen kurz vorgestellt.

Die Ziele, Arten sowie Methoden der Bilanzanalyse sind im ersten Teil allgemein erläutert.

Danach werden die vorliegenden Daten der Bilanzen für die Jahre 1992 bis 2001 analysiert. Dafür werden nacheinander eine Investitionsanalyse, eine Finanzierungs-analyse und eine Rentabilitätsanalyse durchgeführt. Zum Schluss wird noch eine Übersicht zum ROI – Kennzahlensystem näher betrachtet.

Die Ergebnisse der Berechnungen sind in einer Tabelle im Anhang zusammen-gefasst. Zur Veranschaulichung sind für die einzelnen Kennzahlen Diagramme im Text enthalten.

Durch die Fortführung einiger wichtiger Kennzahlen soll zum Schluss ein Blick in die mögliche Zukunft des Unternehmens geworfen werden.

1.   Die Bayer AG

Am 1. August 1863 gründen der Kaufmann Friedrich Bayer und der Färbermeister Johann Friedrich Weskott einen Farbstoffbetrieb in Barmen (heute ein Stadtteil von Wuppertal).

Schon 1865 beteiligen sich die Firmengründer an einer Teerfarbenfabrik in den USA und liefern Zwischenprodukte nach Übersee.

1876 wird eine Fabrikfiliale in Moskau eröffnet.

Am 1. Juli 1881 gründen die Nachkommen Bayers und Weskotts die Aktiengesellschaft Farbenfabriken vorm. Friedr. Bayer & Co.

1883 nimmt das Werk Flers in Nordfrankreich seine Produktion auf.

1884 beginnt der Chemiker Carl Duisberg seine Arbeit bei Bayer. Unter seiner Leitung gelingen den Bayer-Chemikern bahnbrechende Erfindungen.

1888 wird eine Pharmazeutische Abteilung aufgebaut.

Im Jahr 1891 wird das Gelände in Leverkusen angekauft. Dem Bayer-Forscher Dr. Felix Hoffmann gelingt 1897 die Synthetisierung des Wirkstoffs Acetylsalicylsäure in chemisch reiner und haltbarer Form.

1899 wird Aspirin® als Warenzeichen eingetragen und erobert als Schmerzmittel die Welt.

1912 wird der Firmensitz nach Leverkusen verlegt.

Im Jahr 1925 gehen die Farbenfabriken vorm. Friedr. Bayer & Co. in der I.G. Farbenindustrie AG auf. Leverkusen wird Hauptwerk der Betriebsgemeinschaft Niederrhein der I.G. Nach dem Zweiten Weltkrieg wird die I.G. Farben auf alliierten Befehl beschlagnahmt und später entflochten.

1951 wird die Farbenfabriken Bayer AG neu gegründet und firmiert ab 1972 als Bayer AG. Der Ausbau zum internationalen Chemie- und Pharmakonzern wird forciert.

Beim Konzernumbau wird es gravierende Veränderungen geben. Der wichtigste ist die Trennung von strategischem und operativem Geschäft. Für die Führung des Gesamtkonzerns ist künftig die Holding verantwortlich. Dort wird entschieden über Portfolio, Strategie, Budgets, Finanzen und die wichtigsten Führungspositionen. Außerdem werden von der Holding die jährlichen Performance-Ziele der Teilkonzerne festgelegt. Der fünfköpfige Holding-Vorstand wird unterstützt von 400 Mitarbeitern im so genannten Corporate Center.

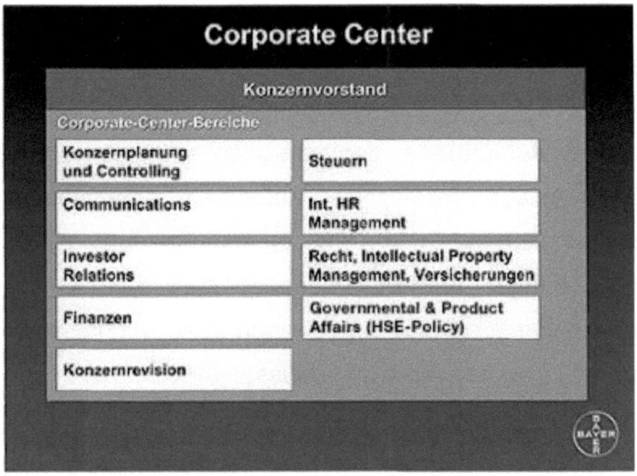

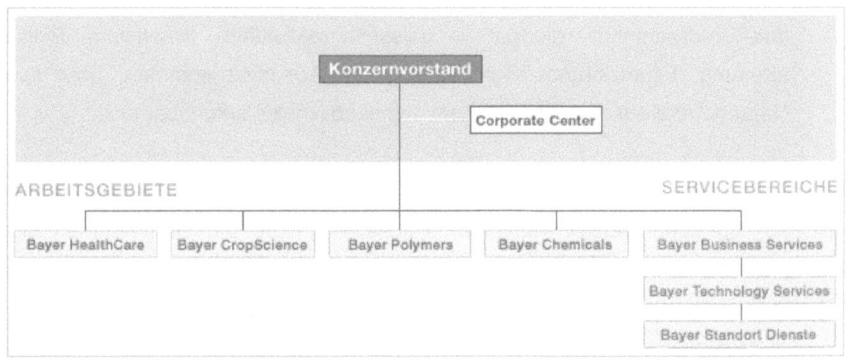

Abb. 1: Corporate Center   vgl. http://www.bayer.de

Bei der Umstrukturierung entstehen neue Teilkonzerne und Servicegesellschaften. Die vier Teilkonzerne übernehmen das operative Geschäft. In ihnen sind die bisherigen Aktivitäten des Bayer-Konzerns neu gebündelt.

Das Organigramm zeigt die zukünftige Struktur:[1]

Abb. 2: Organigramm der BAYER AG

[1] vgl. http://www.bayer.de

7

2. Grundlagen der Bilanzanalyse

2.1 Ziele der Bilanzanalyse

So unterschiedlich die Informationsbedürfnisse der verschiedenen Interessengruppen (Anteilseigner, potenzielle Anleger, Kreditgeber, Lieferanten, Arbeitnehmer und ihre Organisationen, Wirtschaftsverbände und –presse) auch in Abhängigkeit von ihren differenzierenden Beziehungen und Bindungen zu dem betrachteten Unternehmen sein mögen, so konzentrieren sich ihre Fragen zusammenfassend doch auf die folgenden Problemstellungen der Jahresabschlussanalyse:

- die Beurteilung der gegenwärtigen Ertragslage mit dem Ziel der Prognose der zukünftigen Ertragskraft des Unternehmens

- die Beurteilung der finanziellen Stabilität zur Einschätzung der Fähigkeit der Unternehmung, ihren gegenwärtigen und zukünftigen Zahlungsverpflichtungen nachkommen zu können

- die Einschätzung des Erfolgpotenzials im Sinne von Stärken und Schwächen des Unternehmens, die u.a. in Investitionsaktivitäten, Wachstum, Risikostreuung, Finanzierungsmöglichkeiten zum Ausdruck kommen, aber ihrer Natur gemäß nur zum Teil aus dem Jahresabschluss erkennbar sind.[1]

Die Bilanzanalyse führt zu zusätzlichen Informationen, wenn vergleichbare Daten vorliegen. So sagt beispielsweise der Tatbestand, dass ein Unternehmen eine Rentabilität von 8% erwirtschaftet hat nicht viel aus, wenn keine Beurteilungs-Maßstäbe vorhanden sind. Diese können im Rahmen eines Objektvergleiches gegeben sein, wenn z.B. der Branchendurchschnitt bei einer Rentabilität von 10% liegt. Daraus können Schlüsse für das betrachtete Unternehmen gezogen werden. Möglich ist auch ein Zeitvergleich, mithilfe dessen die Rentabilität des betreffenden Unternehmens in mehreren aufeinander folgenden Perioden betrachtet wird.

---

[1] vgl. H. Gräfer, Bilanzanalyse, S. 18f

Mithilfe der Bilanzanalyse kann eine Vielzahl von Zielen verfolgt werden, wie

Informationsverdichtung
Tatsachen und Zusammenhänge, die der Jahresabschluss nicht unmittelbar aufzeigt, sollen sichtbar gemacht werden. Hierzu dienen hauptsächlich die Kennzahlen.

Wahrheitsfindung
Der Jahresabschluss wird entsprechend den handels- und steuerrechtlichen Vorschriften erstellt. Er ist richtig, wenn er diesen Vorschriften entspricht. Damit ist er im Sinne der betrieblichen Wirklichkeit aber keineswegs wahr. Im Rahmen der Bilanzanalyse kann versucht werden, realitätsbezogene Daten zu ermitteln, z.b. das wahre Periodenergebnis und die tatsächlich vorhandenen Vermögenswerte.

Urteilsbildung
Der Jahresabschluss als monetäres Ergebnis der während des Abrechnungszeitraumes getroffenen unternehmerischen Entscheidungen kann dazu dienen, diese Entscheidungen wertend zu beurteilen. Im Vordergrund werden Beurteilungen finanzwirtschaftlicher und rentabilitätsbezogener Art stehen.

Entscheidungsfindung
Die Erkenntnisse aus der Bilanzanalyse können dazu verwendet werden, künftige Entscheidungsprozesse zu lenken bzw. zu beeinflussen. Dies ist heute durch den Einsatz der EDV gut möglich, mittels derer Bilanzen und ihre zielgerichteten Auswertungen sowie Prognoserechnungen kurzfristig verfügbar sind.
Die Entscheidungsfindung betrifft:

- die Entscheidungsträger
- den Entscheidungsprozess
- die Entscheidungsfelder[1]

---

[1] J. Ditges, U. Arendt, Bilanzen, 345f

2.2 Arten und Methoden

Folgende Arten der Bilanzanalysen werden unterschieden:

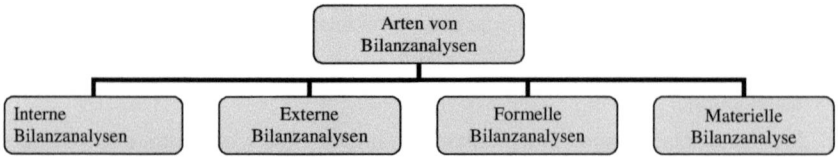

Interne Bilanzanalyse

Interne Bilanzanalysen werden innerhalb eines Unternehmens erstellt. Bei der Durchführung interner Bilanzanalysen ist von besonderem Vorteil, dass der interne Bilanzanalytiker nicht nur über die im Jahresabschluss publizierten Daten verfügt, sondern auch das gesamte im Unternehmen vorhandene Zahlenmaterial aus dem Rechnungswesen besitzt oder auf einfache Weise beschaffen kann. Daher kann auch von Betriebsanalysen gesprochen werden.

Externe Bilanzanalyse

Externe Bilanzanalysen werden außerhalb der jeweils bilanzierenden Unternehmen auf der Grundlage der von ihnen zur Verfügung gestellten oder veröffentlichten Bilanzen durchgeführt. Sie dienen vor allem der Informationsverdichtung, Wahrheitsfindung und Urteilsbildung. Ihre Ergebnisse sind besonders für folgende Interessengruppen von Bedeutung:
- Anteilseigner
- Geschäftspartner
- Arbeitnehmer
- Interessierte Öffentlichkeit

Formelle Bilanzanalyse

Die formellen Bilanzanalysen dienen dazu, die formelle Übereinstimmung der Bilanzen mit den gesetzlichen Vorschriften festzustellen. der externe Bilanzanalytiker wird Schwierigkeiten haben, die formelle Richtigkeit umfassend prüfen zu können. So hat er wahrscheinlich keine Möglichkeit festzustellen, inwieweit die Grundsätze ordnungsmäßiger Inventur eingehalten wurden.

Materielle Bilanzanalyse

Während die formellen Bilanzanalysen sich damit befassen, die Tatsache der Einhaltung rechtlicher Vorschriften zu prüfen, ist es die Aufgabe der materiellen Bilanzanalysen, die Informationen aus dem Jahresabschluss inhaltlich zu analysieren.

Unterteilung der materiellen Bilanzanalysen:

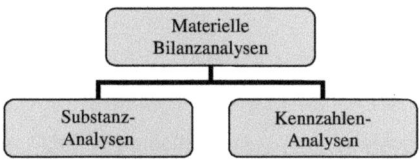

Substanzanalysen

Substanzanalysen dienen dazu, die Posten des Jahresabschlusses auf ihr Zustandekommen, ihre Zusammensetzung und ihre Entwicklung hin zu überprüfen. Daraus lassen sich wertvolle Hinweise auf die wirtschaftliche Entwicklung eines Unternehmens ziehen.

Kennzahlenanalysen

Materielle Bilanzanalysen werden außerdem als Kennzahlenanalysen betrieben. Kennzahlen sind Zahlen, die sich auf wichtige Tatbestände beziehen und diese in konzentrierter Form darstellen.

- Absolute Kennzahlen
  besitzen eine begrenzte Aussagekraft, weil sie nur absolute Veränderungen berücksichtigen, z.B. Summen, Differenzen
- Relative Kennzahlen
  Ihre Aussagefähigkeit ist höher, weil eine Größe zu einer anderen in Beziehung gesetzt wird. Verhältniszahlen können Gliederungszahlen, Beziehungszahlen oder Indexzahlen sein.

In der Bilanzanalyse werden sowohl absolute als auch relative Kennzahlen verwendet.[1]

---

[1] J. Ditges, U. Arendt, Bilanzen, 347ff

2.3 Kennzahlensysteme

Kennzahlensysteme bilden, die nicht nur einzelne, isoliert nebeneinander stehende Kennzahlen betrachten, sondern betriebswirtschaftliche Zusammenhänge in ihren Wechselwirkungen offen legen. Ein Kennzahlensystem geht immer von einer bestimmten Ausgangskennzahl aus und entwickelt sich baumartig weiter. Die Ausgangskennzahl bestimmt das Untersuchungsziel.

Das Du – Pont – System
geht von der Kennzahl Return on Investment, dem Ertrag aus dem investierten Kapital aus und zeigt auf, wie die geplanten Einsatz-, Ertrags- und Erfolgsgrößen in einen sinnvollen Zusammenhang gebracht werden können. Es ist ein typisches Rechensystem und besonders für die externe Analyse geeignet.

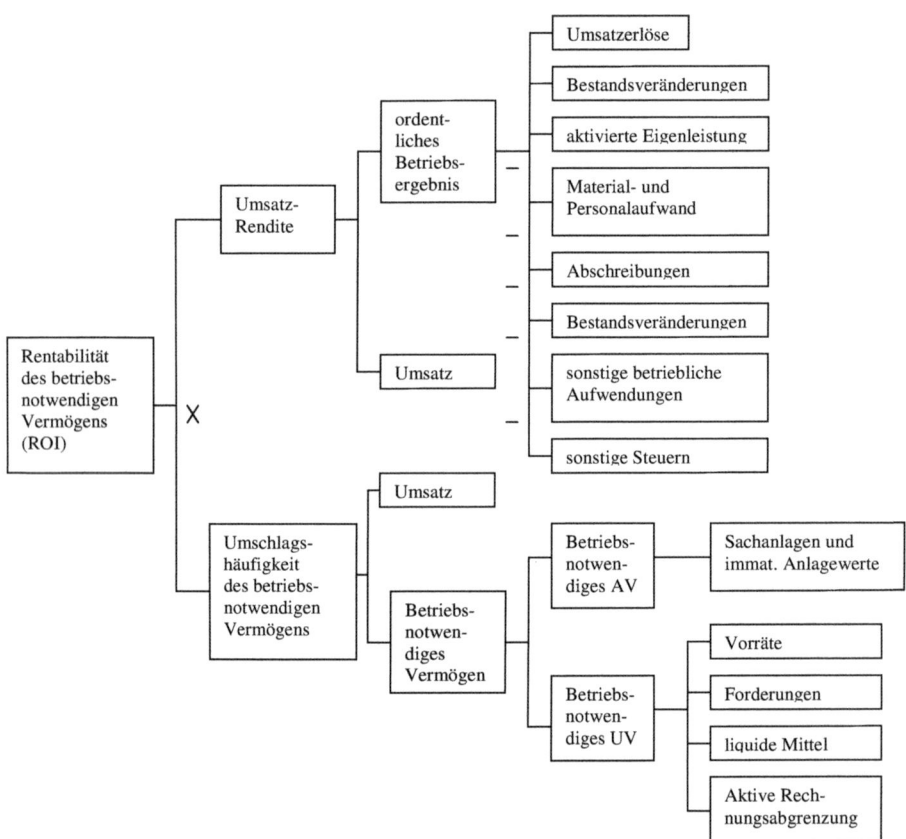

Das RoI – Cash – Flow Kennzahlensystem
berücksichtigt bei der externen Analyse insbesondere die Ergebnisspaltung in ordentliches und außerordentliches sowie in betriebliches und betriebsfremdes Ergebnis. Es ist vergangenheits- und zukunftsorientiert und erleichtert speziell die Prüfung des Lageberichts.

Das ZVEI – Kennzahlensystem
ist mit etwa 200 Kennzahlen ein sehr umfangreiches Kennzahlensystem. Nur etwa 80 davon haben einen Aussagewert. die anderen Kennzahlen dienen der mathematischen Verknüpfung im Gesamtsystem. Es umfasst die beiden analytischen Bereiche der Wachstumskomponenten und der Strukturkomponenten, die gemeinsam ein Bild über die Effizienz eines Unternehmens liefern.[1]

---

[1] J. Ditges, U. Arendt, Bilanzen, 363ff

2.4 Probleme bei der Bilanzanalyse

Eine externe Bilanzanalyse wird meist wegen der beschränkten Aussagefähigkeit der veröffentlichten Bilanz erschwert. Ebenso ist nicht ersichtlich, welche Vermögensgegenstände zur Fortführung der Leistungserstellung nicht notwendig sind, auf die aber bei starker Liquiditätsanspannung zurückgegriffen werden kann.

Der Veröffentlichungszeitpunkt der Bilanz stellt ein weiteres Problem dar. Laut Gesetz haben mittelgroße und große Kapitalgesellschaften spätestens vor Ablauf des neunten Monats des dem Abschlussstichtag nachfolgenden Geschäftsjahres den Jahresabschluss, den Lagebericht und den Bericht des Aufsichtsrates zum Handelsregister einzureichen. Alle Informationsbedürfnisse kann der Jahresabschluss nicht erfüllen. Auch dokumentiert er nur die Verhältnisse des abgelaufenen Geschäftsjahres, während sich die Informationsbedürfnisse meist auf die Zukunft erstrecken.

Grenzen von Kennzahlensystemen

Der Aussagewert einzelner Kennzahlen ist begrenzt. Erst mehrere Kennzahlen im Zusammenhang liefern eine Qualitative Information. Kennzahlen müssen als Wert- oder Mengengrößen quantifizierbar sein. Sachverhalte im Unternehmen, bei denen dies nicht möglich ist, können lediglich über Drittwerte kennzahlenmäßig formuliert werden. Dazu zählen grundsätzlich z.B. die Qualität des Management, das technische Know-how u.Ä. Die Qualität einer Kennzahl hängt ab von der Genauigkeit und den Möglichkeiten des zu Grunde liegenden Informationssystems.

Die Verwendung mehrerer Kennzahlen in einem Kennzahlensystem kann zu widersprüchlichen Aussagen führen (mangelnde Konsistenz).[1]

---

[1] J. Ditges, U. Arendt, Bilanzen, 366f

3.   Analyse des BAYER – Konzerns

3.1   Allgemeines

Die folgende Analyse des Bayer – Konzerns ist eine externe Analyse, die anhand der veröffentlichten Bilanzen der Jahre 1992 bis 2001 durchgeführt wird. Diese Bilanzen sind im Anhang zu finden.

Die Kennzahlen werden jeweils für alle 10 Jahre berechnet. Diese sind ebenfalls als eine Übersicht im Anhang zu finden.

Da die Bilanzen nur für den gesamten Konzern vorliegen und nicht für die einzelnen Betriebsteile, war ein Betriebsvergleich nicht möglich. Auch ein Branchenvergleich ist schwierig, weil der Konzern in vielen Geschäftsbereichen tätig ist.

3.2   Berechnung und Wertung der Kennzahlen

3.2.1   Investitionsanalyse

Bei der Investitionsanalyse wird die Vermögensseite der Bilanz untersucht.

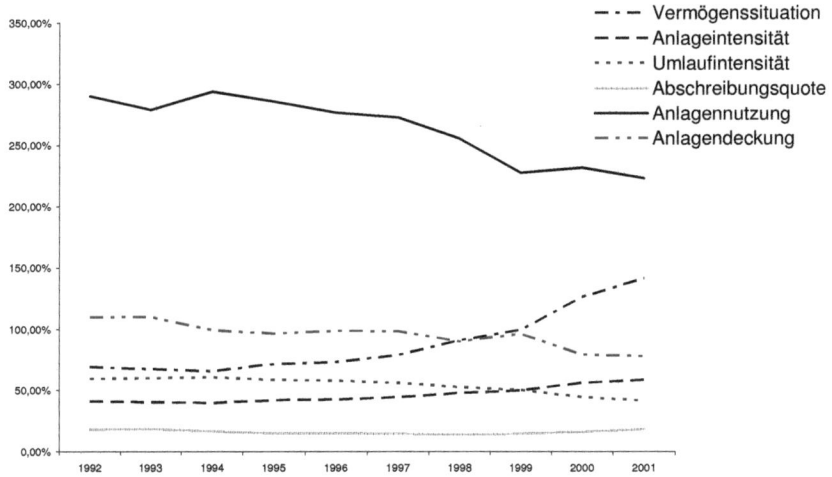

Abb. 3: Investitionsanalyse

15

I. Vermögenssituation

ist das Verhältnis von Anlage- und Umlaufvermögen.

$$Vermögenssituation = \frac{Anlagevermögen}{Umlaufvermögen}$$

Seit 1992 hat der Anteil des Anlagevermögens gegenüber dem Umlaufvermögen stetig zugenommen. Anfangs war weniger Kapital im Anlagevermögen als im Umlaufvermögen gebunden. Bis 2001 wuchs der Anteil des Anlagevermögens auf das 1,4 –fache des Umlaufvermögens an.

Dies ist auch an den Kennzahlen Anlageintensität und Umlaufintensität zu sehen.

II. Anlageintensität

zeigt den Anteil des Anlagevermögens am Gesamtvermögen.

$$Anlage\,\mathrm{int}\,ensit\ddot{a}t = \frac{Anlagevermögen}{Gesamtvermögen}$$

Der relativ hohe Anteil von fast 60% Anlagevermögen ist branchenbedingt und daher nicht negativ zu bewerten. Der Anstieg kann auf die Neuanschaffung von Maschinen zurückzuführen sein. Bei einer Krise ist dieses allerdings schwerer in liquide Mittel umzuwandeln als das Umlaufvermögen, dessen Anteil am Gesamtvermögen auf 40% zurückgegangen ist.

III. Umlaufintensität

gibt Auskunft über den Anteil des Umlaufvermögens am Gesamtvermögen.

$$Umlauf\,\mathrm{int}\,ensit\ddot{a}t = \frac{Umlaufvermögen}{Gesamtvermögen}$$

Die Abnahme des Anteils Umlaufvermögen von 60% auf 40% deutet auf eine verbesserte Lagerhaltung, d.h. der Lagerbestand hat abgenommen. Eine andere Möglichkeit ist der größere Anstieg des Anlagevermögens, wie bereits oben erläutert.

IV. Abschreibungsquote

lässt erkennen, ob stille Reserven gebildet oder aufgelöst wurden.

$$Abschreibungsquote = \frac{Abschreibungen}{Sachanlagen}$$

Diese Werte schwanken zwischen 14% und 18%, daran ist zu erkennen, dass stille Reserven nicht zur Manipulation der Gewinnhöhe genutzt werden.

V. Anlagennutzung

legt die Ausnutzung der Sachanlagen dar.

$$Anlagennutzung = \frac{Umsatz}{Sachanlagen}$$

Der Rückgang von 290% auf 223% deutet auf eine Verschlechterung der Ausnutzung der Anlagen. In den Bilanzen ist zu sehen, dass sich der Wert der Sachanlagen fast verdoppelt, aber der Umsatz nur um 50% zunimmt. Dies liegt entweder an steigenden Maschinenpreisen oder am Rückgang des Preises für die produzierten Produkte.

VI. Anlagendeckung

gibt an, ob das Anlagevermögen durch das Eigenkapital gedeckt ist.

$$Anlagendeckung = \frac{Eigenkapital}{Anlagevermögen}$$

Das Anlagevermögen sollte zu 100% durch das Eigenkapital gedeckt sein. 1992 lag diese vorbildlich bei 110%. Ein stetiges Absinken auf 78% im Jahr 2001 deutet allerdings auf Probleme im Bayer Konzern. Dadurch kann es zu Komplikationen bei der Beantragung neuer Kredite kommen.

3.2.2 Finanzierungsanalyse

Die Analysierung der Kapitalseite erfolgt durch die Finanzierungsanalyse.

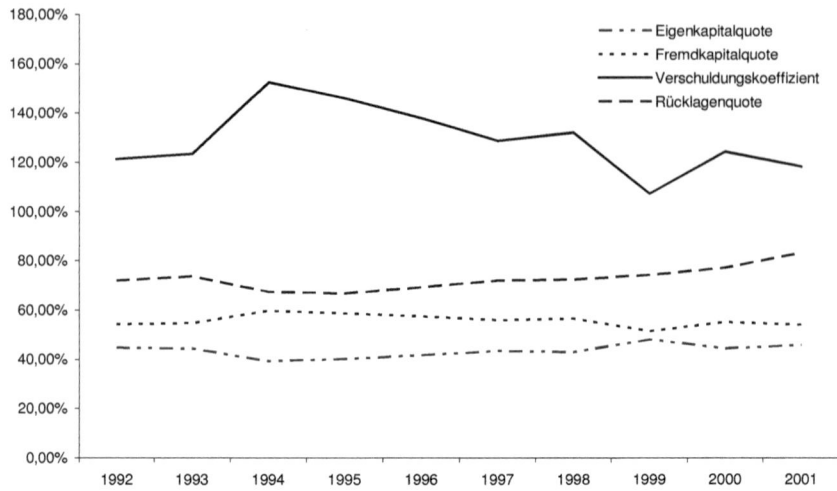

Abb. 4: Finanzierungsanalyse

I. Eigenkapitalquote

ist die Beziehung zwischen Eigenkapital und Gesamtkapital.

$$Eigenkapitalquote = \frac{Eigenkapital}{Gesamtkapital}$$

Die Eigenkapitalquote schwankt zwischen 40% und 48%. Durch die hohen Kosten für Maschinen ist dieser Bereich branchenbedingt in Ordnung.

II. Fremdkapitalquote

verdeutlicht die Beziehung zwischen Fremd- und Gesamtkapital.

$$Fremdkapitalquote = \frac{Fremdkapital}{Gesamtkapital}$$

Als Gegenstück zur Eigenkapitalquote schwankt die Fremdkapitalquote zwischen 60% und 51%.

III. Verschuldungskoeffizient

gibt das Verhältnis von Fremd- und Eigenkapital an.

$$Verschuldungskoeffizient = \frac{Fremdkapital}{Eigenkapital}$$

Dieser zeigt wiederum, dass mehr Fremd- als Eigenkapital im Unternehmen eingesetzt wird. Nach einer allgemeinen Faustregel sollte dieser Koeffizient 100% betragen. Im Bayer – Konzern liegt dieser, aus bereits aufgeführten Gründen, zwischen 107% und 153%.

IV. Rücklagenquote

bezeichnet den Anteil der Rücklagen am Eigenkapital.

$$Rücklagenquote = \frac{Rücklagen}{Eigenkapital}$$

Der Anstieg der Rücklagenquote, nach einen Einbruch 1994, auf 83% zeigt, dass die Eigenfinanzierung des Unternehmens aus Gewinnen gut funktioniert. Dies ist als Wachstumsindikator positiv zu bewerten.

3.2.3 Rentabilitätsanalyse

I. Gewinnorientierte Rentabilitätsanalyse

Abb. 5: Gewinnorientierte Rentabilitätsanalyse

a) Eigenkapitalrentabilität
stellt eine Beziehung zwischen Eigenkapital und Gewinn her.

$$Eigenkapitalrentabilität = \frac{Jahresüberschuss}{Eigenkapital}$$

Die Eigenkapitalrendite ist die vom Unternehmen erzielte Verzinsung des
eingesetzten Kapitals der Fremdkapitalgeber. Diese liegt von 1994 bis 1999 um 13%.
Eine Rentabilität in dieser Höhe liegt über dem Durchschnitt der Bundesrepublik und
vor allem auch über denen anderer anlagenintensiver Unternehmen. Die
Eigenkapitalrendite sollte aber auf jeden Fall größer sein als der Zinssatz auf dem
langfristigen Kapitalmarkt. Der Einbruch ab dem Jahr 2000 resultiert aus der im
ersten Teil erläuterten Umstrukturierung und den damit verbundenen Kosten.

b) Umsatzrentabilität

ist das Ergebnis der Division von Jahresüberschuss und Umsatz.

$$Umsatzrentabilität = \frac{Jahresüberschuss}{Umsatz}$$

In der Umsatzrendite spiegeln sich Veränderungen der Absatzgrößen und anderer interner Faktoren für den Betriebserfolg wieder.
Bei der Umsatzrendite ist ab 1993 ein Ansteigen von 3% auf über 7% im Jahr 2000 zu beobachten. Auch diese liegt über dem Durchschnitt von 2%. Hier ist ebenfalls ein Rückgang ab 2000 zu sehen. Die erzielten 3% liegen aber immer noch über dem Durchschnitt.

II. Cash Flow - orientierte Rentabilitätsanalyse

Die Cash Flow - orientierte Rentabilitätsanalyse hat den Vorteil, dass sie über den Gewinn hinaus auch andere Einflussgrößen berücksichtigt und damit ein umfassenderes Bild ermöglicht, insbesondere unter finanzwirtschaftlichen Aspekten.[1]

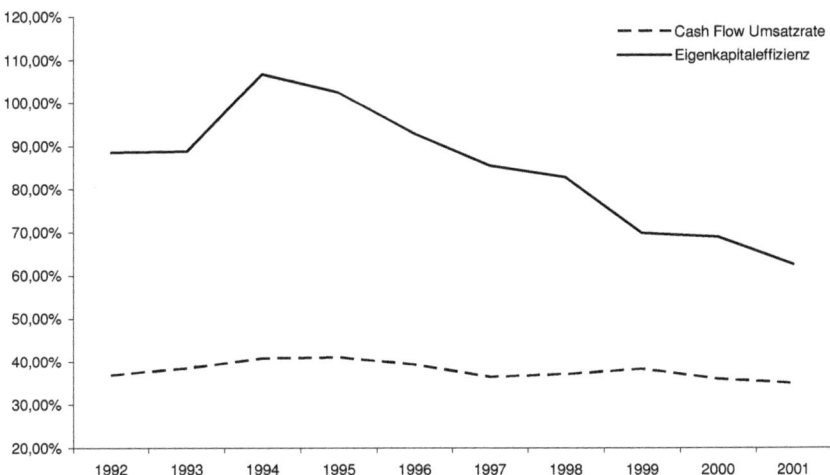

Abb. 6: Cash Flow - orientierte Rentabilitätsanalyse

---

[1] J. Ditges, U. Arendt, Bilanzen, 393

21

a) Cash Flow

ist eine Kennzahl, die den Überschuss der laufenden, operativen Einzahlungen über die laufenden, operativen Auszahlungen der Unternehmung beschreibt.[1]

Jahresüberschuss

+ Abschreibungen

+/- Zuführungen oder Auflösungen von Rückstellungen

= Cash Flow

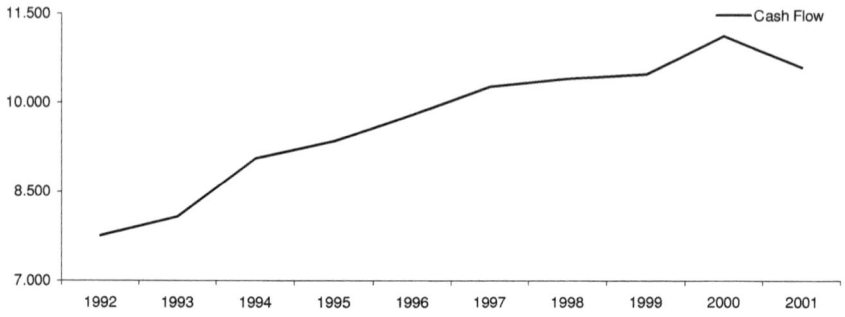

Abb. 7: Cash Flow (in Mio. Euro)

Das ständige Wachstum des Cash Flow von 7,7 Mrd. Euro auf 11,1 Mrd. Euro bedeutet einen Anstieg um 44% in 9 Jahren.

b) Eigenkapitaleffizienz

ergibt sich aus der Gegenüberstellung von Cash Flow und Eigenkapital.

$$Eigenkapitaleffizienz = \frac{CashFlow}{Eigenkapital}$$

Der ständig sinkende Anteil des Cash Flows am Eigenkapital deutet auf ein schnelleres Wachstum des Eigenkapitals gegenüber dem des Cash Flows.

---

[1] vgl. H. Gräfer, Bilanzanalyse, S. 151

c) Umsatzrentabilität

wird durch die Division von Cash Flow und Umsatz errechnet.

$$Umsatzrentabilität = \frac{CashFlow}{Umsatz}$$

Sie gibt an, wie viel Prozent des Umsatzes dem Unternehmen als liquide Mittel zur Verfügung stehen.

Im Fall des Bayer Konzern ist dieser Prozentsatz relativ konstant. Er schwankt zwischen 35% und 41%. Bei einem Umsatz von 30 Mrd. Euro im Jahr 2001 und 35% sind dies immerhin über 10 Mrd. Euro, die dem Konzern zur Verfügung stehen.

3.2.3 ROI - Kennzahlensystem

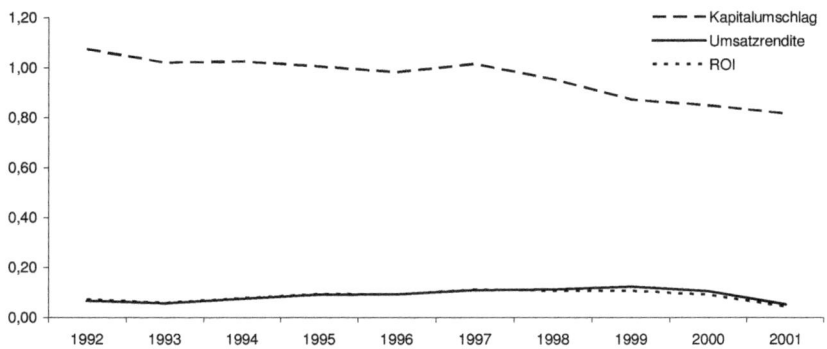

Abb. 8 ROI - Kennzahlensystem

Die ROI – Kennziffer ist eine erweiterte Form der Gesamtkapitalrentabilität. Durch Einbeziehung der Umschlagshäufigkeit des investierten Kapitals werden die Beziehungen zwischen Gewinn, Umsatz und eingesetzten Kapital dargestellt. Die Umsatzrendite wird nicht isoliert, sondern im Zusammenhang mit dem investierten Kapital gesehen.

ROI = Umsatzrendite x Kapitalumschlag

Sie erteilt Auskunft darüber, ob eine Veränderung der Gesamtkapitalrentabilität auf einer Veränderung der Umsatzrentabilität oder des Kapitalumschlages beruht.

Die Gesamtrentabilität des Bayer – Konzerns ist bis zum Jahr 1999 identisch mit der Umsatzrendite, auch der Kapitalumschlag beeinflusst diese nicht (weder positiv noch negativ). Das Absinken der Gesamtrentabilität im Jahr 1999 ist auf einen Rückgang des Kapitalumschlages zurückzuführen. Da sich dieser aus der Division von Umsatz durch investiertes Kapital berechnet, ist dort weiter nach Ursachen zu suchen.

Durch die Betrachtung dieser Werte (Tabellen im Anhang) ist zu erkennen, dass der Rückgang der Gesamtrentabilität 1999 auf einem Umsatzrückgang beruht.

Zusammenfassung:

Der Bayer Konzern mit seiner sehr anlagenintensiven und damit einer sehr kapital-intensiven Produktion liegt über den Durchschnittswerten der Bundesrepublik.

Durch die Umstrukturierung fallen einige Kennzahlen zwar nicht ganz so positiv aus, aber wenn nach Abschluss der Umstrukturierung wieder (mindestens) die vorherigen Werte erreicht werden kann man diese als gelungen ansehen.

4.   Fortführung der Kennzahlen

4.1   Vorgehen

Nun sollen die Kennzahlen der Rentabilitätsanalyse und des ROI – Kennzahlensystems für die nächsten 5 Jahre (2002 bis 2006) berechnet werden. Dies geschieht nach der Methode der kleinsten Quadrate. In der Realität werden diese Kennzahlen von der errechneten Fortführung des Trends durch unterschiedlichste externe Einwirkungen abweichen. Um diese Abweichungen zu minimieren müssten alle Einflussfaktoren bekannt sein und der Trend z.B. durch eine Diskriminanzanalyse bestimmt werden.

4.2   Ergebnisse

Rentabilitätsanalyse

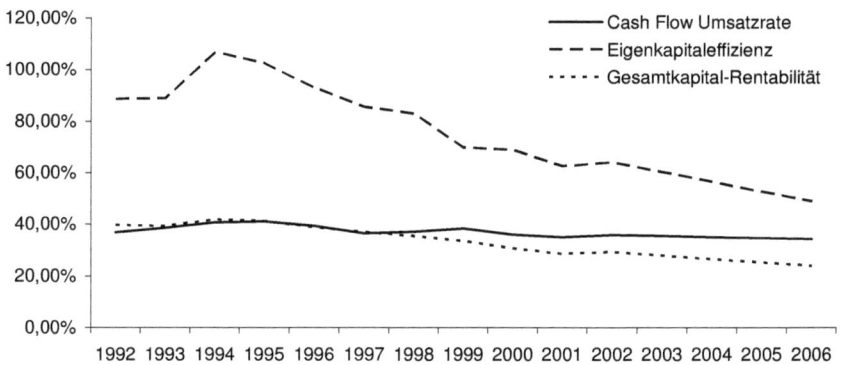

Abb. 9: Trend der Rentabilitätsanalyse

In der Abbildung ist zu erkennen, dass die Eigenkapitaleffizienz weiter abnimmt bis auf einen Wert von 49 %. Die Cash Flow Umsatzrate pegelt sich bei einem Wert von 35% ein und verläuft fast parallel zur X – Achse. Die Gesamtkapitalrentabilität sinkt leicht bis auf einen Wert von 24%.

ROI – Kennzahlen

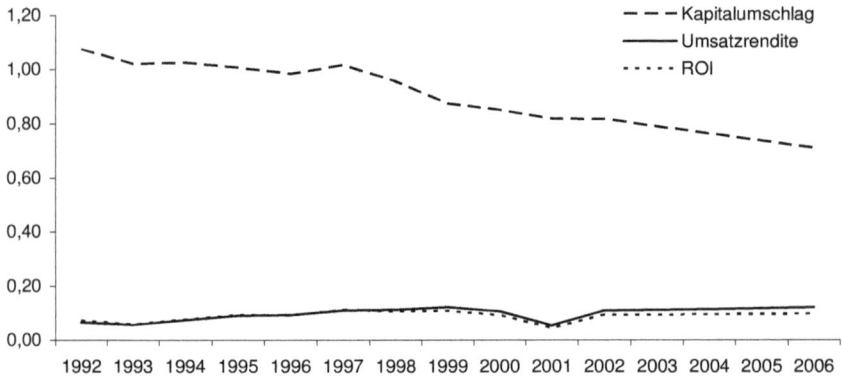

Abb.10: Trend der ROI - Kennzahlen

Die Trendanalyse ergibt ein sinken des Kapitalumschlages für die nächsten 5 Jahre bis auf 71%. Die Umsatzrendite hingegen steigt leicht von 10% auf 12%.

Der ROI bleibt etwas unterhalb der Umsatzrendite aber steigt ebenfalls leicht von 9,1% auf 9,5%.

Diese Ergebnisse sind kein Grund zur Beunruhigung, sie liegen immer noch über den Durchschnittswerten. Außerdem beruhen sie auf der Annahme, dass sich der bisherige Trend fortsetzen wird. Allerdings ist der Bayer – Konzern zurzeit in einer Umstrukturierungsphase. Dadurch sind Aussagen für die Zukunft, die aus bisherigen Werten abgeleitet sind, sehr spekulativ. Besonders die niedrigen Werte für die Jahre 2000 und 2001 beeinflussen die Berechnung negativ.

Anlagen

Bayer-Konzern (in Mio €)	1992	1993	1994	1995	1996	1997	1998	1999	2000	2001
Umsatz	21.063	20.967	22.200	22.793	24.853	28.124	28.062	27.320	30.971	30.275
Auslandsgeschäft	78,70%	81,00%	81,60%	80,50%	82,20%	83,90%	83,60%	84,30%	85,60%	85,60%
Anteil ausländ. Gesellschaften	61,20%	64,50%	65,30%	63,40%	65,40%	67,00%	67,50%	68,30%	69,00%	70,90%
Operatives Ergebnis	1.419	1.200	1.656	2.102	2.306	3.077	3.155	3.357	3.287	1.611
Gewinn vor Ertragsteuern (JÜ)	1.377	1.204	1.684	2.140	2.282	2.611	2.728	2.836	2.990	1.115
Gewinn nach Steuern (JÜ n St.)	799	701	1.029	1.238	1.405	1.509	1.615	2.018	1.842	961
Anlagevermögen	7.987	8.256	8.563	9.437	10.689	12.230	13.981	15.614	20.344	21.702
Immaterielles Vermögen	161	164	386	488	729	1.051	1.909	2.213	4.843	5.014
Sachanlagen	7.262	7.506	7.548	7.966	8.974	10.307	10.970	11.986	13.345	13.543
Finanzanlagen	564	586	629	983	986	872	1.102	1.415	2.156	3.145
Umlaufvermögen	11.610	12.283	13.097	13.211	14.593	15.467	15.396	15.665	16.107	15.337
Vorräte	4.355	4.176	4.261	4.762	5.144	5.424	5.781	4.992	6.095	5.818
Forderungen	5.336	5.427	5.881	5.787	7.028	7.588	7.894	7.533	9.308	8.748
Flüssige Mittel	1.919	2.680	2.955	2.662	2.421	2.455	1.721	3.140	704	771
Eigenkapital	8.759	9.089	8.488	9.109	10.531	12.009	12.568	15.006	16.140	16.922
Gezeichnetes Kapital	1.681	1.715	1.772	1.803	1.851	1.867	1.867	1.870	1.870	1.870
Rücklagen	6.303	6.695	5.709	6.082	7.287	8.638	9.087	11.134	12.454	14.087
Konzerngewinn	775	679	1.007	1.224	1.393	1.504	1.614	2.002	1.816	965
Anteile anderer Gesellschafter	212	220	232	248	234	223	211	176	237	98
Fremdkapital	10.626	11.230	12.940	13.291	14.517	15.465	16.598	16.097	20.074	20.019
Rückstellungen	5.657	6.003	6.788	6.923	7.057	7.275	7.271	6.714	7.163	7.172
Verbindlichkeiten	4.969	5.227	6.152	6.368	7.460	8.190	9.327	9.383	12.911	12.847
Bilanzsumme	19.597	20.539	21.660	22.648	25.282	27.697	29.377	31.279	36.451	37.039
Abschreibungen	1.305	1.374	1.243	1.184	1.326	1.479	1.521	1.744	2.122	2.464
Mitarbeiter (zu Jahresende)	156.400	150.400	146.700	142.900	142.200	144.600	145.100	120.400	122.100	116.900
Personalaufwand	7.380	7.315	7.392	7.477	7.718	7.895	8.106	7.549	7.735	7.849
Forschungskosten	1.583	1.614	1.624	1.666	1.845	1.983	2.045	2.252	2.393	2.559

Kennzahlen	1992	1993	1994	1995	1996	1997	1998	1999	2000	2001
Produktivität (Mio Euro pro MA)	0,1347	0,1394	0,1513	0,1595	0,1748	0,1945	0,1934	0,2269	0,2537	0,2590
Investitionsanalyse										
Vermögenssituation	68,79%	67,21%	65,38%	71,43%	73,25%	79,07%	90,81%	99,67%	126,31%	141,50%
Anlageintensität	40,76%	40,20%	39,53%	41,67%	42,28%	44,16%	47,59%	49,92%	55,81%	58,59%
Umlaufintensität	59,24%	59,80%	60,47%	58,33%	57,72%	55,84%	52,41%	50,08%	44,19%	41,41%
Abschreibungsquote	17,97%	18,31%	16,47%	14,86%	14,78%	14,35%	13,87%	14,55%	15,90%	18,19%
Anlagennutzung	290,04%	279,34%	294,12%	286,13%	276,94%	272,86%	255,81%	227,93%	232,08%	223,55%
Anlagendeckung	109,67%	110,09%	99,12%	96,52%	98,52%	98,19%	89,89%	96,11%	79,34%	77,97%
Finanzierungsanalyse										
Eigenkapitalquote	44,70%	44,25%	39,19%	40,22%	41,65%	43,36%	42,78%	47,97%	44,28%	45,69%
Fremdkapitalquote	54,22%	54,68%	59,74%	58,69%	57,42%	55,84%	56,50%	51,46%	55,07%	54,05%
Verschuldungskoeffizient	121,32%	123,56%	152,45%	145,91%	137,85%	128,78%	132,07%	107,27%	124,37%	118,30%
Rücklagenquote	71,96%	73,66%	67,26%	66,77%	69,20%	71,93%	72,30%	74,20%	77,16%	83,25%
Rentabilitätsanalyse										
EK-Rentabilität	9,12%	7,71%	12,12%	13,59%	13,34%	12,57%	12,85%	13,45%	11,41%	5,68%
Umsatz-Rentabilität	3,79%	3,34%	4,64%	5,43%	5,65%	5,37%	5,76%	7,39%	5,95%	3,17%
Cash Flow	7.761	8.078	9.060	9.345	9.788	10.263	10.407	10.476	11.127	10.597
Cash Flow Umsatzrate	36,85%	38,53%	40,81%	41,00%	39,38%	36,49%	37,09%	38,35%	35,93%	35,00%
Eigenkapitaleffizienz	88,61%	88,88%	106,74%	102,59%	92,94%	85,46%	82,81%	69,81%	68,94%	62,62%
Gesamtkapital-Rentabilität	39,60%	39,33%	41,83%	41,26%	38,72%	37,05%	35,43%	33,49%	30,53%	28,61%
dyn. Verschuldungsgrad	1,37	1,39	1,43	1,42	1,48	1,51	1,59	1,54	1,80	1,89
ROI										
investiertes Kapital	19.597	20.539	21.660	22.648	25.282	27.697	29.377	31.279	36.451	37.039
Kapitalumschlag	1,07	1,02	1,02	1,01	0,98	1,02	0,96	0,87	0,85	0,82
Umsatzrendite	0,07	0,06	0,07	0,09	0,09	0,11	0,11	0,12	0,11	0,05
ROI	0,07	0,06	0,08	0,09	0,09	0,11	0,11	0,11	0,09	0,04

Kennzahlenfortführung

	2002	2003	2004	2005	2006
Produktivität (Mio Euro pro MA)	0,2693	0,2840	0,2986	0,3133	0,3279
Investitionsanalyse					
Vermögenssituation	131,79%	139,69%	147,59%	155,49%	163,39%
Anlageintensität	57,43%	59,50%	61,57%	63,64%	65,71%
Umlaufintensität	42,57%	40,50%	38,43%	36,36%	34,29%
Abschreibungsquote	15,00%	14,83%	14,66%	14,49%	14,32%
Anlagennutzung	218,71%	210,49%	202,28%	194,06%	185,85%
Anlagendeckung	77,68%	74,43%	71,19%	67,94%	64,69%
Finanzierungsanalyse					
Eigenkapitalquote	45,49%	45,87%	46,25%	46,63%	47,00%
Fremdkapitalquote	54,16%	53,86%	53,57%	53,28%	52,98%
Verschuldungskoeffizient	119,26%	117,45%	115,65%	113,84%	112,04%
Rücklagenquote	78,77%	79,86%	80,96%	82,05%	83,14%
Rentabilitätsanalyse					
EK-Rentabilität	11,14%	11,13%	11,12%	11,11%	11,10%
Umsatz-Rentabilität	5,95%	6,12%	6,28%	6,44%	6,61%
Cash Flow	11.610	11.960	12.309	12.658	13.007
Cash Flow Umsatzrate	35,88%	35,51%	35,13%	34,76%	34,39%
Eigenkapitaleffizienz	64,11%	60,32%	56,54%	52,75%	48,96%
Gesamtkapital-Rentabilität	29,20%	27,86%	26,52%	25,18%	23,84%
dyn. Verschuldungsgrad	1,83	1,88	1,94	1,99	2,04
ROI					
investiertes Kapital	38.459	40.514	42.569	44.624	46.678
Kapitalumschlag	81,57%	78,90%	76,24%	73,58%	70,91%
Umsatzrendite	10,66%	10,98%	11,31%	11,63%	11,95%
ROI	9,11%	9,22%	9,33%	9,44%	9,54%

Quellenverzeichnis

http://www.bayer.de

H. Gräfer, Bilanzanalyse, 8. Auflage, Berlin 2001

J. Ditges, U. Arendt, Bilanzen, 10. Auflage, Leipzig 2002